# 地震と私たちの暮らし

### ③ 防災・避難の備え

土佐清水ジオパーク推進協議会 事務局長
**土井恵治** 監修

保育社
HOIKUSHA

# はじめに

「地震」と聞いて、みなさんはどんな場面を思い浮かべるでしょうか。

- 何かがぶつかったようなドシンという音がする
- 建物が大きく揺れて家具がガタガタと大きな音を立てる
- 揺れたあとの津波が心配で避難の準備をする
- たくさんの建物が壊れる

地域によって地震の揺れを感じる回数が違うので、想像する様子はいろいろあるでしょう。揺れを感じる回数が少ない地域でも、ひとたび大きな地震があると、そのあと揺れがくり返し続きます。実際にそのような地震や避難生活を経験した人は、怖くて心細い思いをし、不自由を感じたと思います。

日本では毎年のように、地震による被害が発生しています。地震を止めることはできませんが、みなさんが少しでも安心して暮らしていけるように、地震とはどういうものなのか、災害を減らすためにはどうしたらいいかについて、「地震と私たちの暮らし」を視点に、3つのテーマに分けて本を作りました。それぞれ1冊にまとめて紹介します。

第3巻は、「防災・避難の備え」について取り上げます。みなさんがいつも過ごす家庭や学校で地震にあったとき、どのように行動すればいいか。そのときにあわてないために、日ごろから気をつけておくことをまとめました。また、地震や津波の災害にあい、避難所で生活することになったときに、注意してほしいことも書きました。
3巻をとおして学んだ地震や津波の特徴、それらによって引き起こされる災害への対策について、大人になっても忘れないようにして、地震大国日本で安心して豊かに暮らしていけるようになることを願っています。

土佐清水ジオパーク推進協議会 事務局長 **土井恵治**

## チェックしよう！

学びのポイントには、2つのマークがついています。

 避難所の種類など、避難するときに役に立つ、知っておきたいことを紹介しています。

 地震に備えるさまざまな対策や備蓄品など、学んでほしいことを取り上げています。

# もくじ

 地震と私たちの暮らし ③ 防災・避難の備え

地震が起こったらどうする？ … 4

## 地震とともに起こる危険

津波 … 10
土砂災害 … 12
隆起と沈降 … 13
液状化現象／地割れ … 14
火災 … 15

## 地震から身を守り備える

知る・学ぶ避難 … 16
知る・学ぶ防災 … 20
知っておきたい！ 救急・救護のこと … 28

## 地震の揺れがおさまったら

情報を集める … 30
避難する／近所で声をかけ合う … 31
避難所で過ごす … 32
被災後のことを知っておこう … 35

さくいん … 38

この本の内容や情報は制作時点（2024年12月）のものであり、今後内容に変更が生じる場合があります。

# 地震が起こったらどうする？

## 家の中にいるとき

物が落ちてきたり、窓や食器が割れたりします。ドアは開かなくなるかもしれません。家の中の地震対策が必要です（▶20ページ）。

### キッチン

すぐにキッチンから離れます。キッチンは、食器棚や電子レンジ、冷蔵庫などが倒れてきます。火は無理に消さず、やけどにも注意します。

### リビング

大きな棚が倒れたり、物が落ちてきたり、テレビが飛んだりすることがあります。頭を守って、動かないじょうぶな机の下などに入ります。

地震はいつ起こるかわかりません。家族や友だちといるとき、一人でいるとき、どうすればいいのでしょうか？ 学校での避難訓練も思い出しながら、イメージしてみましょう。よく行く場所や通る道、通学路で地震が起きた場合も考えてみます。

> 部屋のかたづけは地震対策にもなるんだって

### おふろ
洗い場ですべらないように注意して、浴槽のふちにつかまります。揺れがおさまったら急いでおふろ場から出て、着がえてタオルで頭を守ります。

### トイレ
すぐにドアを開けます。物が倒れてきたりドアが変形したりすると、中に閉じ込められてしまいます。

### 安全なスペース
リビングの中に、物が倒れたり移動したりしない安全な空間をつくっておきましょう。揺れが落ち着いたとき、かくれる机がない場合はここへ身を寄せます。

## 学校にいるとき

停電が起きたら校内放送は流れません。**お**さない、**は**しらない、**しゃ**べらない、**も**どらない「お・は・し・も」を守りましょう。

**教室**
窓ガラスは割れて飛び散ることがあります。窓から離れて、机の下に入ります。入れないときは、教科書などで頭を守ります。

**学校図書館**
本が落ちてきたり、本棚ごと倒れてくることもあります。本棚から離れて頭を守り、安全な机の下などに入ります。

休み時間や移動中で教室にいないこともあるよね

そこが安全な場所なら無理に教室にもどらないほうがいいよ

### 体育館
バスケットゴールや体育用具から離れます。天井からパネルや照明が落ちてくることもあるので、入り口近くで揺れがおさまるのを待ちます。

### 校庭・グラウンド
校舎の近くは、割れた窓ガラスの破へんが飛んでくることがあるので離れます。しゃがんで揺れがおさまるのを待ちます。

### ろうか・階段
ろうかでは窓から離れて、低い姿勢で頭を守ります。階段では、足をふみはずさないように、手すりを持ってその場でしゃがみます。

## でかけているとき

物が倒れてきそうな所から逃げ、安全なものにつかまり、あわてて外に飛び出さないようにします。まわりを見て落ち着いて行動しましょう。

**電車・バス**
急ブレーキがかかったり、緊急停止することがあり、車内が揺れます。手すりやつり革をしっかり持ち、運転士や車掌の指示に従います。

**歩道橋**
大きく揺れるため、しゃがんで手すりにつかまります。揺れがおさまったら、手すりを持ちながら気をつけて下りて、歩道橋から離れます。

**道路**
かばんなどで頭を守って、建物や看板、自動販売機、ブロックべいから離れます。車道の近くでは車にも注意します。

# 地震とともに起こる危険

## 津波

### 津波が起こるしくみ

海域で起こる規模の大きな地震によって海底の地盤が上下にずれ動く（隆起・沈降▶13ページ）と、その上の海水が盛り上がったり、へこんだりして海水全体が動きます。その動きが周囲に波となって広がっていき、やがて海岸に押し寄せます。これが津波で

東日本大震災時の津波

す。津波という言葉は、英語でも「Tsunami」といわれ、世界中で意味が通じる言葉です。

### 津波のしくみ

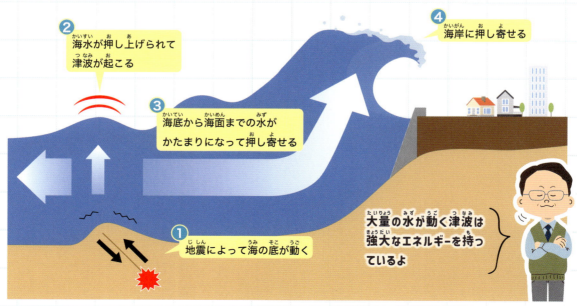

① 地震によって海の底が動く
② 海水が押し上げられて津波が起こる
③ 海底から海面までの水がかたまりになって押し寄せる
④ 海岸に押し寄せる

大量の水が動く津波は強大なエネルギーを持っているよ

出典：気象庁

地震に伴う危険は、家屋やビルの倒壊だけではありません。海底の地盤の隆起・沈降によって津波が起こるほか、山やがけがくずれて大量の土砂が流れて家を壊したり川を埋めたり、火災が起きたりします。地震災害を学び、対策を考えてみましょう。

## 走って逃げられない速さと高さ

津波の伝わる速さは海の深さにより異なり、水深が深いほど速く伝わります。沖合いではジェット機、陸に近づいてからも自動車と同じくらいの速さでおそってきます。津波の高さは水深が浅くなるほど高くなり、また、海に開いた入江のような地形では、入り込んだ海水がさらに高さを増して奥のほうまで浸水していきます。

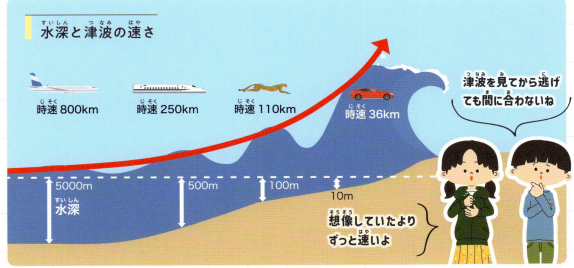

出典：気象庁

## 津波が来るときの避難

気象庁では、地震が発生してから約3分を目標に、大津波警報、津波警報または津波注意報を発表します（▶1巻23ページ）。震源が陸地に近いと、津波警報・注意報が津波の到達に間に合わないことがあります。海の近くにいる場合は、強い揺れのときはもちろん、弱くても長い揺れを感じたときは、すぐに避難を開始します。

## 標識や旗を知っておこう

津波避難場所

津波避難ビル

津波フラッグ

避難する場合は、一時的に避難できる「津波避難場所」、近くに高台がない場合に利用する「津波避難ビル」がある。海水浴場などでは、大津波警報・津波警報・津波注意報が発表されたことを知らせる「津波フラッグ」がふられる

# 土砂災害

### 命を奪うこともある土砂災害

土砂災害は、地震や大雨などがきっかけとなって、山やがけがくずれたり、水と混じりあった土や石が川から流れ出たりするものです。家や畑、ときには命が奪われることもある自然災害で、地震ではがけくずれや地すべ

りがよく起こります。土砂災害の対策には、アンカー工などが行われています（▶2巻31ページ）。

がけくずれ

地震の揺れや雨水がたくさんしみ込んだことにより、急ながけの斜面が突然くずれ落ちる現象です。大量の土砂や不安定な岩石がくずれ落ちるため、命が奪われたり、家が押しつぶされたりするなど災害が大きくなる傾向があります。

比較的ゆるやかな斜面で、地中の粘土層などのすべりやすい層が、地下水の影響を受けてゆっくりと動き出す現象です。広い範囲でかたまりのまますべり落ちていくのが特徴で、家や田畑、道路などの交通網などが一度に被害を受けます。

地すべり

土石流

がけくずれや地すべりによる土砂が川の流れを止め、そこにたまった大量の水が土砂や樹木といっしょにドロドロの状態で一気に流れ出す現象です。ふもとに向かって強い力と猛スピードで家などを流し、大きな被害を引き起こします。

強い揺れのあとは地盤がくずれやすいのですか？

そうだね。余震や雨によって、がけくずれや地すべりが起きることもある。強い揺れのあった地域では、**大雨警報などの発表基準**が引き下げられたりするよ

12

# 隆起と沈降

## 土地が高くなったり低くなったりする

地震を起こした断層の周囲は、地殻変動によって土地（地盤）が高くなったり（隆起）、低くなったり（沈降）することがあります。プレートの境界で巨大地震が発生した場合には、広い範囲で土地の隆起や沈降が発生します。このほか、地盤の液状化（▶14ページ）によっても土地が沈降することがあります。

2024（令和6）年の能登半島地震では、半島の北側の沿岸で最大4m隆起し、漁港が陸地になるなど漁業に大きな被害をもたらしました（▶1巻32ページ）。

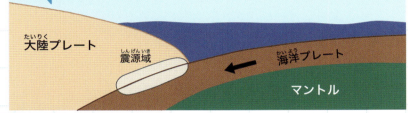

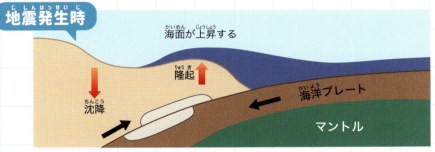

鎌田浩毅『富士山噴火と南海トラフ』（ブルーバックス）をもとに作成

1946（昭和21）年の昭和南海地震でも隆起があったんだって

### コラム

明治と昭和の三陸地震津波の教訓を伝える大津波記念碑

### 津波の教訓を伝える自然災害伝承碑

日本の海岸地域は、昔から地震とともに津波の被害を受けてきました。このことを後の世の人たちに伝えるために各地に自然災害伝承碑が建てられており、地図記号を定めて地図にものせています。

岩手県には、1896（明治29）年の明治三陸地震津波や、1933（昭和8）年の昭和三陸地震津波の事実や教訓を刻んだ記念碑が200基以上あります。2011（平成23）年の東日本大震災の記念碑も多く、津波の被害が二度と起きないようにとの願いが込められています。

## 液状化現象

### 地盤が液体のような状態になる

液状化とは、地震によって地盤が強い衝撃を受けて地下水と土の細かいつぶが混ざり合って、地盤全体がドロドロの液体のような状態になる現象です。地盤から水が噴き出したり急にやわらかくなるため、その上にあった建物が傾いたり、地下のマンホールや配管などが浮き上がったりします。

上：沈んで傾いた電柱
左：浮き上がったマンホール

## 地割れ

### 地盤に割れ目ができる

地震の強い揺れによって、地面が裂けてひびや段差ができる現象を地割れといいます。埋立地や干拓地\*、湿地、盛土などのような地盤のやわらかい場所で起こりやすく、地面の割れ目から水や砂が噴き出すこともあります。

地割れは断層に沿ってできることもあるんだよ

あぶないから近づかないようにします

\* 干拓地……遠浅の海や湖の一部に堤防などの工事をして水をくみ出し、干して陸地にしたところ

# 火災

## 地震火災とは

阪神・淡路大震災での火災

大きな地震が起こると、火災が同時にあちこちで発生して大災害になるおそれがあります。
阪神・淡路大震災や東日本大震災などでは、電気が原因の火災が多く発生しました。地震の揺れで暖房器具が転倒し、燃えやすい物に接触したまま停電から復旧して火がついたり、地震で傷ついたコードに電気が流れ（通電）、火花が出たりして火災が発生する通電火災もありました。

## 火災の原因の多くは通電火災

通電火災は、対策すれば防ぐことができます。停電している場合は電化製品のスイッチを切り、電源プラグをコンセントから抜いておきます。また、停電中に避難するときは、ブレーカーを落とすことも忘れてはいけません。
地震被害が広がると、消防へ救助を求める電話が集中するなど消火活動が間に合わないこともあります。地震火災を防ぐために、それぞれが対策しておくことが必要です。

### おもな対策

- 家具などが転倒しないように固定する
- 住宅用の火災警報器、消火器を設置する
- 地震を感知したら電気を止める感震ブレーカーを設置する（▶2巻28ページ）
- 安全装置のついたガスコンロを使用する
- 暖房器具のまわりはかたづけ、近くに燃えやすいものを置かない

## 初期消火が大切

火が燃え広がって火災が大きくなるのを防ぐには、どれだけ早く火事を知らせて消し止めるかが大事なポイントです。人がいない部屋で出火した場合に備えて、別の部屋でも警報音が鳴る連動型住宅用火災警報器を設置することや、住宅用消火器などの消火用具を備えることも初期消火に効果的です。

消火器は2kg以上あり重いため持ち運びに気をつける

消火器には使用期限があるよ

15

# 地震から身を守り備える

**知る・学ぶ 避難**

## 1 防災標識

避難に関する標識は、洪水・内水氾濫*、土石流、津波・高潮、がけくずれ、地すべりなどの災害の種類と避難場所を組み合わせて、案内記号（ピクトグラム）を見ただけでわかるようにデザインされています。

地震は災害の種類ではなく現象を表す言葉ですが、地震によって起こる災害を想定した避難場所に避難することになります。

地震による津波避難だけを記した標識もある

## 2 避難所と避難場所

災害で被害を受けたり、被害を受けるおそれのある人が、災害の危険性がなくなるまで一定期間、避難生活をする施設が「指定避難所」です（▶1巻22ページ）。高齢者や妊娠中の人など配慮を必要とする人とその家族は、「福祉避難所」を利用することもあります。

一方、命の危険があり、緊急に避難するところが「指定緊急避難場所」です。大規模な火災などが起きた場合は、「広域避難場所」に避難します。

### 避難所・避難場所の種類

- ▶ **指定避難所**…体育館など
- ▶ **福祉避難所**…高齢者施設など
- ▶ **指定緊急避難場所**…学校のグラウンドなど
- ▶ **広域避難場所**…大きな公園など

福祉避難所は指定避難所に入ったあとに移動するんだって

*内水氾濫……大雨のときに雨水の排水ができず下水道やマンホールなどから水があふれる現象

地震が発生して災害が起きたときに、自分や家族の身を守るにはどうすればよいでしょうか。どこに、いつ避難すればよいのか、日ごろから身を守るための備えについて、知っておきましょう。

## 3 2次避難所

各市町村で定められた避難所への避難は、1次避難とも呼ばれます。それに対して2次避難は、災害関連死を防ぐためのもので、被災地から少し離れた、生活環境が整ったホテルや旅館などが2次避難所にあてられます。

被災者のなかでも高齢者や病気の人、妊娠中の人など、生活に介助が必要な人とその家族は2次避難所に移るようにすすめられます。しかし、仕事のことなどがあって被災地を離れられないなどの事情から、2次避難所に移動できない人もいます。

1次避難所と2次避難所の間に 1.5次避難所 もあるんだ

避難生活の環境は大切ですね

離れたホテルや旅館が2次避難所になることもある

## 4 震災遺構

震災によって倒壊したり、津波におそわれたりした建物などを取り壊さずに保存しているものを、「震災遺構」といいます。

どんなに大きな災害であっても、年月がたてば人々は少しずつ忘れていき、震災を知らない人たちも増えていきます。震災遺構は、震災が起きた記憶を忘れないようにするためのもので、当時の被害の様子や災害の大きさを知ることができます。二度と同じような被害が起きないように、災害対策の必要性や防災、避難への教訓を示しているのです。

東日本大震災で津波の被害から残った震災遺構、奇跡の一本松と旧陸前高田ユースホステル（黄色の建物）

## 5 正常性バイアスと同調性バイアス

災害時は、適切な避難行動ができなくなってしまう心理状態になることがあると考えられています。一つは、「自分はだいじょうぶだ」と目の前の災害を軽く考えてしまう「正常性バイアス」の状態です。バイアスとは思い込みのことで、これによって逃げ遅れてしまうことがあります。

もう一つは、まわりの人たちの行動に自分も合わせてしまい、「自分だけ別の行動をしたくない」と考えてしまう「同調性バイアス」の状態です。まわりの人が避難していないから自分もしない、しなくてもだいじょうぶと考えてしまうのです。

どちらも避難の遅れにつながる心理状態です。災害時はこのようになるかもしれないことを知り、災害が起きたときにとるべき行動を考えておきましょう。

### コラム

### 凍りつき症候群

地震や津波などが発生すると、パニックになる人がいます。なかには頭の中が真っ白の状態になって、正しい判断や行動ができなくなる人もいます。これを「凍りつき症候群」といいます。

地震や津波などの災害は突然やってきますが、ふだんから防災品の準備だけでなく、心の備えもしておくことが大切です。災害時にもし凍りつきの状態の人がいたら、体をゆすったり、声をかけたりしましょう。

## 6 災害用伝言ダイヤルと災害用伝言板

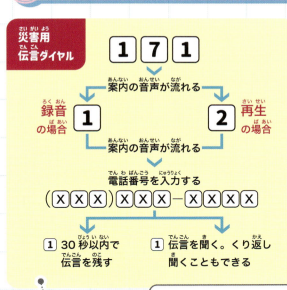

大規模な災害が起きたときは、固定電話や携帯電話の通話が制限されます。そんなときに役立つのが、無料で使える災害用伝言ダイヤル（171）です。公衆電話などから「171」を押して、案内の音声にしたがって伝言を登録・再生できます。

携帯電話では、災害用伝言板（web171）にアクセスして文字でメッセージが残せます。家族や友だちが携帯電話やパソコンからアクセスして確認ができます。

 注目！ 毎月1日・15日や正月の三が日、防災週間、防災とボランティア週間は、災害用伝言ダイヤルの体験利用ができる。

### 公衆電話での災害用伝言ダイヤルの使い方

❶ 受話器を持ち上げて片方の耳にあてる

❷ お金（10円か100円）、テレホンカードを入れる

なかにはお金やテレホンカードを入れなくても使用できる公衆電話もある

❸ 「ツーツー」という音が聞こえたら「171」を押す。案内の音声どおりに順番に操作して録音したり、録音された伝言を聞く。終わったら受話器を元の位置にもどす

❹ 入れたお金やカードがもどってくるので、忘れずに取る

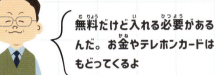

災害用伝言ダイヤルは無料なのにお金やテレホンカードを入れるんですか？

無料だけど入れる必要があるんだ。お金やテレホンカードはもどってくるよ

伝言を聞きたい人の電話番号はメモしておかないといけないね

19

# 知る・学ぶ 防災

## 1 家の中の地震対策

タンスや冷蔵庫など背の高いものは、地震が起こると倒れてくるかもしれません。しっかりと固定しておきましょう。ふだんから部屋をかたづけて、床に物を置かないようにすることも地震対策につながります。

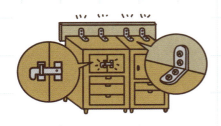

L字金具をつけて家具の転倒を防止する。とびらに飛び出し防止のとめ金をつける

玄関や部屋のドアの前、ろうかなどの通り道に物を置かない

固定するものがいろいろありそうです

テレビは耐震マットを敷いて固定し、できるだけ低い位置に置く

窓や戸棚のガラスは割れて飛び散らないように、飛散防止フィルムをはる

家具の固定やかたづけは火災対策にもなるね ▶15ページ

## 2 ハザードマップ

ハザードマップとは、地震や津波などが起きたときにどの場所が危険なのか、地域ごとに予想される被害を記した地図です。

津波が到達する高さ、土砂災害の危険度などが色で分けて示されています。自分の住む町のハザードマップを見ると、安全な場所や危険な場所を知り、地震や津波などに備えることができます。

ハザードマップは各市町村のインターネットで公開している

出典：大阪市ホームページ

家族それぞれの役割分担も決めておこう

## 3 家族で防災会議

地震が起こったとき、家族みんながいっしょにいるとは限りません。連絡方法や避難場所をみんなで確認しておきます。家族が無事かどうかの確認ができる、災害用伝言ダイヤルや災害用伝言板（▶19ページ）の使い方も練習しておきましょう。

## 4 避難ルート／避難場所の確認

家の近くの避難場所はどこか知っていますか？ 指定緊急避難場所、指定避難所を確認して、どの道を通って行くのか、実際に歩いて確かめます。途中にある古い建物や落ちてきそうな看板、安全な建物や高台などを確認し、その道が通れなくなったのときのために、別の行き方がないかも調べておきましょう。通学路のチェックも忘れずに行います。

### 🔍 チェックポイント

**❶ ブロックべい**
くずれやすいブロックべいのある道は、近くを歩かないようにする

**❷ 道の幅や交通量**
建物がくずれて通れなくなる細い道は避け、交通量が多い道は車にも注意する

**❸ 看板**
高いところにあるものや大きな看板は、落ちてくる可能性がある

**❹ 逃げ込めるビルや施設**
新しい建物は、基本的に耐震構造がしっかりしている

**❺ 公衆電話**
電話がつながらないときに使える。設置場所、使い方を覚えておく

21

## 5 防災マップをつくる

　住んでいる町の避難所や避難場所、そこまでの道、危険な場所などを調べたら、防災マップをつくりましょう。いつも通っている通学路のなかで、地震が起こったときに危険な場所はどこか、安全な場所はどこかも記しておきます。

　また、災害時に使えるマンホールトイレ＊や防災ベンチ（▶1巻7ページ）、公衆電話、心臓が止まった人を助けるための医療機器「AED」（▶29ページ）が置いてある場所なども書き入れておきます。

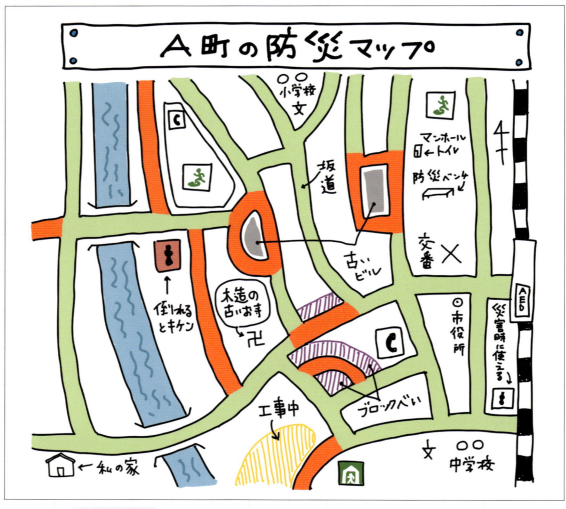

＊マンホールトイレ……下水道管路にあるマンホールの上に簡易な便座やパネルをつけ、災害時にトイレとして使う

# 6 地震用のマイ・タイムラインをつくる

マイ・タイムラインとは、災害に備えて家族や生活の状況に合わせてつくる、逃げ方の計画表のことです。家族のなかでも、「いつ」「だれが」「何をするのか」を、時間の流れでまとめておくことで、あわてずに避難行動をとることができます。マイ・タイムラインにあわせて、持ち物を準備しておきましょう。

## ① ハザードマップをチェック

ハザードマップ（▶ 20 ページ）を見て、自分の住んでいる地域の最大震度や津波の高さなど、想定されている被害の大きさを確認します。

## ② 避難行動のチェック

地震が起きたときの避難所や避難場所、そこまでにかかる時間を確認します。災害によって避難場所が異なる場合もあります。

## 地震用のマイ・タイムラインの例

| ハザードマップでチェック | 避難行動のチェック | 家庭の状況のチェック |
|---|---|---|
| 自宅で想定されている震度は<br><br>[ 震度 5 弱 ] | [ 震度 5 弱 ] 以上のとき、または町内に被害があるとき<br>指定避難所 [ 　〇〇小学校　 ] に避難<br>指定緊急避難場所 [ 　△△グラウンド　 ] に避難<br>広域避難場所 [ 　〇△公園　 ] に避難 | 避難に支援が必要な人は？<br>（高齢者、病気の人、乳幼児など）<br>□ いる　□ いない<br><br>ペット　□ いる　□ いない |

| 経過時間 | | 私と家族の行動 | 地域での行動 |
|---|---|---|---|
| 日ごろの備え | | □ 食料は最低 3 日分、できれば 1 週間分程度を備蓄する<br>□ 非常用持ち出しぶくろなどを準備する（▶ 24 ページ） | □ 近所の人と協力方法を話しておく |
| | | □ 家具の転倒・落下物防止対策をする<br>□ 新聞・テレビ・インターネットなどで防災の情報を集める<br>□ 家族のなかで災害時の連絡方法を確認する<br>□ ペットの避難方法を確認する | |
| 初動〜避難準備 | 地震発生 | □ まず体を低くして頭を守り、動かず身を守る<br>□ じょうぶな机の下などに避難する<br>□ 倒れてくる家具や落ちてくるものに注意する | |
| | 〜3分 | □ 落ち着いて状況を確認する<br>□ 家族の安全を確認する<br>□ 閉じ込められたときは、大声などで外部に知らせる<br>□ ガスなどの火を止める<br>□ ドアや窓を開けて逃げ道を確保する | |
| | 〜30分 | □ 余震に注意する<br>□ 家を出るときはブレーカーを落とす<br>□ ガスの元栓を閉める<br>□ 避難先を書いたメモを玄関付近の目立つ場所にはる<br>□ ペットをキャリーバッグに入れる | □ 近所の人の安全を確認する<br>□ 火事を見つけたら大声で知らせる |
| | 〜3時間 | □ 地域でまとまって避難所に避難する<br>□ 自宅の様子が安全であれば、自宅に戻って在宅避難する | □ 協力して救助や消火活動をする |
| 避難生活 | 〜3日間（避難所） | □ 災害用伝言ダイヤル「171」（▶ 19 ページ）や SNS などを活用し、無事を知らせる<br>□ 集団生活のルールを守る | □ 避難所ではできることを手伝う |

これを参考に自分用にアレンジしてみましょう

京都市「我が家の防災行動計画 知って作ろう マイ・タイムライン」をもとに作成

## 7 非常用持ち出しぶくろを用意する

非常用持ち出しぶくろは、避難するときに最初に持って出るもので、一人ひとつずつ必要です。背負って歩けるだけの重さになるように、必要なものだけを選んで入れておきます。

大人は自分のもの以外に、給水ぶくろなど家族で使うものも入れます。

### 非常用持ち出しぶくろの中身の例

長そで、長ズボン、ヘルメットを用意しておく（▶31ページ）

- ☐ マスク
- ☐ 歯みがきセット
- ☐ ウエットティッシュ
- ☐ 簡易トイレ
- ☐ 軍手
- ☐ 下着
- ☐ 水
- ☐ 非常食
- ☐ おかし
- ☐ 小銭を含む現金
- ☐ 本やおもちゃ
- ☐ レインウエア

- ☐ 身分証明書
- ☐ 健康保険証
- ☐ モバイルバッテリー
- ☐ 携帯ラジオ
- ☐ 懐中電灯
- ☐ ローソク
- ☐ ライター
- ☐ 給水ぶくろ
- ☐ ポリぶくろ
- ☐ 薬やお薬手帳
- ☐ 救急用品
- ☐ 除菌スプレーやシート
- ☐ 生理用品
- ☐ トイレットペーパー
- ☐ タオル
- ☐ 筆記用具
- ☐ 予備のめがね

## 8 備蓄品を用意する

災害が起こったときのために家に備えておくものを備蓄品といいます。最低3日、できれば1週間暮らせるだけの食料、生活用品、衛生用品を人数分準備しておきます。

ふだんから使ったり食べたりするものを余分にたくわえておき、使ったら買い足して備える、「ローリングストック」を行います。

### 備蓄品

**食料の例**
- 水（1人1日3リットル）
- レトルト食品
- 缶づめ
- 即席スープ
- 野菜ジュース
- お米
- おかし
- インスタントラーメン
- インスタントみそしる

**生活用品の例**
- タオル
- 毛布
- レインウエア
- モバイルバッテリー
- ごみぶくろ
- 給水ぶくろ
- 皿
- 割りばし
- スプーン・フォーク
- コップ
- ライター
- 新聞紙
- 上着・下着

**衛生用品の例**
- ティッシュペーパー
- トイレットペーパー
- ウエットティッシュ
- 簡易トイレ
- アルコール消毒液
- 生理用品
- ドライシャンプー
- マスク
- 薬や救急用品
- カイロ
- 液体歯みがきと歯ブラシ

## 家族構成によって必要な備蓄品

**（高齢者）**
- ☐ 予備の老眼鏡
- ☐ 薬
- ☐ 紙おむつ
- ☐ 携帯トイレ
- ☐ 補聴器　など

**（赤ちゃん）**
- ☐ 粉・液体ミルクや哺乳びん
- ☐ 離乳食
- ☐ 紙おむつ
- ☐ おしりふき
- ☐ だっこひも
- ☐ おもちゃ　など

**（ペット）**
- ☐ 水
- ☐ エサ
- ☐ 薬
- ☐ 鑑札、狂犬病やワクチンの証明書
- ☐ トイレ用品、ペットシーツ
- ☐ 食器
- ☐ 予備のリードや首輪
- ☐ おもちゃ　など

飼い主がわかるマイクロチップをペットの体に入れているときは、登録証明書も忘れずに

---

### コラム

## 非常用トイレのつくり方

地震によって上下水道が使用できないときは、水が流せないため自宅のトイレは使えません。便器が割れたりしていなければ、新聞紙とポリぶくろを使って簡易トイレをつくることができます。つくり方を覚えておきましょう。

▶ **用意するもの**　新聞紙、大きめのポリぶくろ（便器にかぶせられるサイズ）

❶ 便座を上げてポリぶくろをかぶせる

❷ 便座を下ろしてもう1枚ポリぶくろをかぶせて、ちぎった新聞紙を入れておく

❸ 使用後は上のポリぶくろをしばって捨て、❷の状態にしておく

ポリぶくろと新聞紙があれば、バケツや段ボール箱を使ってもつくれるんだって

## あると便利な備品類

キャンプ道具も役に立つよ！

☐ **カセットコンロ＆ガスボンベ**
火が使えると、温める、焼く、煮る、炊くなどいろいろな調理ができる

☐ **なべ**
カセットコンロに合うサイズで、アルミやステンレスなどの素材を選ぶ

☐ **調理用ポリぶくろ**
熱に溶けない（耐熱性）ポリぶくろは、材料を入れて湯せんで調理ができる

☐ **ラップ**
皿にラップをかぶせて使い、使用後はラップのみを捨てれば皿の水洗いが不要

☐ **アルミホイル**
アルミホイルを成形すれば、食器やなべなどの容器のふたになる

調理用ポリぶくろやラップは便利だね！

 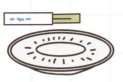 

☐ **紙皿・紙コップ・割りばし**
使い捨ての食器は軽くて持ち出しやすい。家族の人数分を用意しておく

☐ **キッチンバサミ**
包丁とまな板を使わずに調理ができる。缶切りなど他の機能がついているものならさらに便利

# 知っておきたい！救急・救護のこと

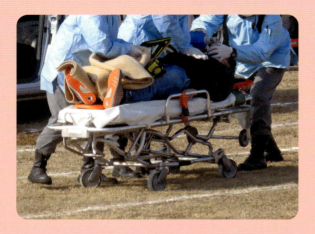

## 「72時間の壁って？」

災害によってけが人が出た場合、命を救うためにできるだけ早く救命活動を行うことが必要です。「72時間の壁」とは、災害が発生してから命が助かる可能性が高い時間の目安をさす言葉です。被災してから72時間を過ぎると、生存率が大きく低下する傾向があるからです。そのため、消防や自衛隊などによる懸命な救助や捜索活動が行われます。

## 地震発生時は119番がつながらないことも

災害時は電話が制限されて、119番通報がつながらないこともあります。そんなときには、公衆電話からかけることもできます。「火事か救急のどちらか」、「発生した場所」、「現在の状況」、「通報した人の名前」を伝えます。

赤いボタン

公衆電話に赤いボタンがあるときは、受話器を上げてボタンを押し、「ツーツー」と音がしたら119を押す。ボタンがない場合は受話器を上げて、音がしたら119を押す

## エコノミークラス症候群を予防する

エコノミークラス症候群は、災害関連死につながることの多い病気です（▶1巻17・27ページ）。最初は、片方の足がしびれる、痛くなる、赤くなるなどの症状が起こります。このような症状があったら、急いで医師にみてもらいます。

車の中での寝泊まりや避難所で同じ姿勢を長く続けていると起こりやすくなるため、意識して予防することが必要です。ふくらはぎのマッサージや散歩、体操などで足を動かすのが効果的です。

### おもな予防方法

▶ 足や足の指をこまめに動かす
▶ 1時間に1回、3〜5分くらい歩く
▶ 水分をしっかりとる
▶ ゆったりした服を着て体をしめつけない
▶ 深呼吸をする　　など

28

救急・救護の知識をもっていると、けがや病気の重症化を防ぐことができたり、命を救うことにつながります。地震以外の災害や事故にあったときでも役立つので、覚えておきましょう。

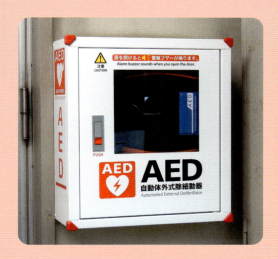

## AED（自動体外式除細動器）

AEDは、心臓が急に止まった人を助けるための医療機器です。倒れている人がいて、声をかけても反応がない場合は、大きな声でまわりの人に助けを求めて、119番通報とAEDを探してもらいましょう。

AEDが届くまで、胸骨圧迫（心臓マッサージ）が必要です。AEDが届いたら電源を入れ、音声メッセージに従って操作します。まわりにいる大人のなかで、AEDが使える人にお願いします。

## ファーストエイド

急な病気やけがをした人を助けるためにとる応急手当てのことを「ファーストエイド」といいます。119番通報をして救急隊が到着するまでの間や、医師にみてもらうまでの間に行うものですが、まちがった方法で行うと危険です。地域の取り組みなどで応急手当ての講習会があれば、参加してみましょう。

**出血**

血止めを行う前に、傷口からの感染を防ぐためビニール袋や手袋を使う。そのあと、傷口をきれいなガーゼやハンカチで強くおさえて、傷口から心臓に近い動脈を直接手で圧迫して、血の流れを止める

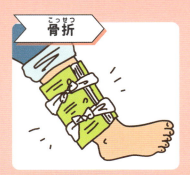

**骨折**

骨折した部分を固定するものを探す。新聞や雑誌、ダンボール、かさなどを利用して、ハンカチやタオルで結んで固定する。固定する位置は、骨折した人の最も痛みの少ない位置で行う

**やけど**

すぐに水道水などのきれいな流水で10～30分冷やす。洋服を着ている部分をやけどしたときは、洋服の上から冷やす。水ぶくれは、傷口からの感染を防ぐ役割があるため、つぶさないように気をつける

29

# 地震の揺れがおさまったら

## 情報を集める

### 正しい情報で冷静に判断しよう

　津波の危険のある地域では、最小限の持ち出し品を持ってすぐに避難します。そのほかの地域では、自分のまわりの状況や、家族の安全を確認しましょう。

　情報は、テレビやラジオ、国や都道府県などから発表された正しいものを得て、避難場所に行かず家にいられるか、避難したほうがいいかを判断します。災害時には、SNSやインターネットは情報のスピードが早く、役に立ちます。一方で、ウソやあやまった情報、いわゆるデマやフェイクニュースが含まれていることがあります。国や都道府県などの信頼できる情報以外は、本当かどうかの確認が必要です。未確認の情報をすぐに友だちに広めたり、インターネット上に流さないようにしましょう。

SNSの画像は合成されていることがあるので、本当かウソか判断がつきにくいんだ

デマかもしれないと思って落ち着かないといけないね

家にいる場合は、地震の揺れがおさまったら、スリッパなどをはいてけがをしないように足を守り、ドアを開けて避難路を確保します。また、地震火災を起こさないように、ガスや暖房器具がついていないか確認します。

## 避難する

### 被災状況によって避難先や持ち物が変わる

地震や津波などの災害が起き在宅避難が難しいときは、指定緊急避難場所を目指して避難します。そのときの服装は、安全のために夏でも長そでで長ズボンにヘルメットをかぶり、自分用の非常用持ち出しぶくろ（▶24ページ）を持ちます。

自宅の状態を確認して、被害がない場合は自宅にもどります。大きな被害を受けて自宅での生活が難しいときは、避難所などで生活することになります。

避難所に行ったりほかの地域に避難するときは、行き先や連絡先などを書いて玄関にはる

避難の基本は徒歩。車は道が混むと避難が遅れ、消防車などの緊急車両も通れなくなる

防犯のために家のカギをかけて避難しよう

## 近所で声をかけ合う

### ふだんから地域の信頼関係をつくっておく

家を出たら近所の人と声をかけ合い、無事かどうかを確認しましょう。高齢者や目や耳が不自由な人など配慮がいる人の場合は、声をかけて、必要ならサポートをします。ふだんから近所の人とコミュニケーションをとっておくことが大切です。

# 避難所で過ごす

## 健康に過ごすために

避難所での生活が長くなると、不安やストレスがたまりやすくなり、体調もくずしやすくなります。つらい状況でも、健康を守るための対策は重要です。避難生活で病気にかからないよう、また、できるだけ健康に過ごすために大切なことを知っておきましょう。

### ① 水分・塩分をとる

避難所では、トイレが整備されていないことが気にかかり、水を飲む量が減りやすくなります。気温が高いときは熱中症になりやすいので、トイレのためにがまんせずに、こまめに水分・塩分をとりましょう。

### ② 手はきれいに

集団生活では、感染症が流行しやすくなります。避難所では、できるだけこまめに手洗いをして清潔にしておくことを心がけましょう。水が使えないときは、アルコールを含んだ手指消毒液を使用します。

### ③ 食事はすぐに食べる

食中毒にならないために、出された食事はすぐに食べ、消費期限の過ぎた食品は保存せず捨てましょう。また、使用した食器や調理器具はしっかり洗います。下痢、発熱、手や指に傷がある人は、調理したり食事を配ったりしてはいけません。

### ④ 体を動かす

避難所の生活では、体を動かす機会が減ってしまいます。エコノミークラス症候群の予防（▶28ページ）や、高齢者の場合は寝たきりの予防のためにも、積極的に体を動かすようにしましょう。

### ⑤ うがいと歯みがき

水が不足すると、歯や口のケアがおろそかになって、かぜをひいたり、虫歯になりやすくなります。少量の水でも、うがい、歯みがきをできるだけして口の中をきれいに保ち、かぜや虫歯を予防しましょう。

### ⑥ よくねむる

地震への不安や避難生活のストレスなどで、ぐっすりねむれないかもしれません。しかし、不安や心配の多くは、時間がたつとともに回復することが知られています。まずは横になり、睡眠を意識してとるようにしましょう。

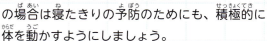
最近は段ボールベッドなどもあって、睡眠環境も改善されてきているよ

## 一人で行動しない

特に夜は一人だとあぶないね

　避難所のトイレや暗いところ、離れた場所に行くときは、一人で行動せず、家族や知り合いといっしょに行動するようにします。子どもへのいたずら、暴力などの犯罪に巻き込まれることもあるからです。

## 自分のことは自分でする

　避難所のそうじや物資の分配などの運営は、被災者たちで行うことが基本です。避難所を安全で過ごしやすい場所にするために、被災者一人ひとりが、自分にできることをして、助け合います。

### コラム

#### ペットとの避難

　災害時は、基本的にペットといっしょに避難することが決められています。すぐに避難できるように、ふだんからキャリーバッグに慣れさせておきましょう。行方不明になった

ときのために、連絡先を記した迷子札、ペットが写った写真も用意しておきます。
　また、水やエサ、トイレシートなど、ペット用の避難グッズも必要です。避難所でのペットの世話は、飼い主がそれぞれに行います。

## 自分たちにもできることがある

避難所では一人ひとりができる範囲で避難所の運営に参加することが、過ごしやすい環境づくりにつながります。そうじやごみの分別、まわりの人への声かけなど、自分たちにもできることがあるので、積極的に行動しましょう。

避難したときに、自分に何ができるかを考えたり、友だちと話し合ったりして備えておくことも大切です。

## 配慮が必要な人がいる

災害が起きたときに、他の人と同じように行動したり、避難することが難しい人がいます。高齢者、障がいのある人、けがや病気の人、妊娠している人、赤ちゃんや小さな子ども、日本語の理解が十分でない外国人などには、配慮（気づかい）が必要です。見かけたら声をかける、正しい情報を伝えるなど、あなたができることをしてみましょう。

### このマークを見かけたら気にかけよう

耳に障がい（聴覚障がい）がある人は見かけではわかりづらいけど、筆談やスマホアプリを使って伝えることもできるよ

聴覚障がい者マーク

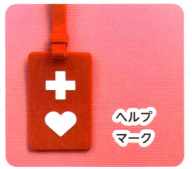

ヘルプマーク

見た目にはわからない病気などがあって、まわりの人のサポートや配慮が必要な人が身につけるマーク

マタニティマーク

妊娠中の人や、出産してからあまり日がたっていない人が身につけるマーク

# 被災後のことを知っておこう

家が壊れたり、たくさん出てしまったごみはどうすればいいのでしょうか。病気になったときやお金……被災後のことを知っておきましょう。

## 1 被災建築物応急危険度判定

　被災建築物応急危険度判定とは、被災した住宅やビルなどの建物の危険度を判定するものです。余震などによる倒壊や外壁・窓ガラスの落下、エアコンの室外機の転倒などの危険性を判定します。判定結果は3色で表し、建物の見やすい場所にはり出されます。

建物の被災程度は小さいと考えられる。建物は使用できる

建物に立ち入る場合は十分注意。応急的な補強は専門家に相談する

建物に立ち入ることは危険。立ち入る場合は専門家に相談して応急対応を行う

出典：一般財団法人日本建築防災協会

## 2 被害認定調査

　被害にあった住宅について、被害の程度を公的に認定する調査を被害認定調査といいます。被害の程度は「全壊」、「大規模半壊」、「半壊」などに区分されます。

　支援金の受け取りや仮設住宅への入居など、被災者支援を受けられるかどうかの判断材料となる罹災証明書（▶1巻36ページ）を発行するための資料になります。

35

## 3 災害ごみ

災害時には、壊れた家具やたたみなどのかたづけごみや、家屋が壊れたことによるがれきなどが大量に発生します。これらのごみを「災害ごみ（災害廃棄物）」といいます。

ふだんの生活ごみとは分けて出すもので、市町村ごとに災害ごみについての対策がとられています。ごみを運ぶのは被災者または被災者が頼んだ業社が行います。

被災した家屋

→ 生活ごみ

↓ 災害ごみ ↓

かたづけごみ

がれき類

ごみ捨て場

回収・運搬

燃えるごみ／燃えないごみ／がれき

仮置き場
災害ごみを一時的に集め分別して保管する場所

災害ごみは被災者にとっては大切だったもの。簡単にかたづけられない気持ちもあるんだよ

家の水が出ないときのトイレのごみはどうするの？

新聞紙などで水分を吸収させれば生ごみとして捨てられるんだって

36

## 4 健康保険証

被災して健康保険証やマイナ保険証をなくしたり、自宅に残したまま避難している場合は、氏名、生年月日、電話番号などの連絡先、加入している医療保険者がわかる情報を医療機関に伝えると、健康保険証やマイナ保険証がなくても保険医療を受けることができます。

## 5 銀行からのお金の引き出し

大きな災害が起きた場合は、災害救助法（▶1巻37ページ）が適用された被災地の銀行などで預金通帳やキャッシュカードがなくても、本人の確認がとれれば特別にお金を引き出すことができます。印かんがない場合は、拇印\*で引き出すことも可能です。

また、避難先に利用している銀行の支店がなくても、お金を引き出すこともできます。

電気が止まると電子マネーやクレジットカードは使えないよ

災害に備えて現金を持っておかないといけないね

## 6 こころのケア

地震を経験したことで大きなショック、ストレスを受け、こころと体のバランスをくずすことは少なくありません。これまでの生活では感じたことのないような、気持ちや体の変化が起きることもあります。

災害時の経験を何度も思い出したりするPTSD（心的外傷後ストレス障害）は、こころの病気です。関係ないように思えることが症状として出ることもあるので、家族やまわりの人に相談しましょう。

### おもな症状

- 恐怖や不安を感じる
- ねむれない
- 悪い夢を見る
- 怒りやすくイライラする
- すぐに涙が出る

など

\* 拇印……親指に朱肉などをつけて印かんのかわりに押すこと

# さくいん

## あ
アンカー工 ———————— 12

## い
1次避難（所）———————— 17
1.5次避難所 ———————— 17

## え
衛生用品 ———————— 25
AED（自動体外式除細動器）
———————— 22, 29
液状化（現象）———————— 13, 14
エコノミークラス症候群 28, 32
L字金具 ———————— 20

## お
大雨警報 ———————— 12
大津波警報 ———————— 11

## か
海洋プレート ———————— 13
がけくずれ ———————— 12, 16
火災警報器 ———————— 15
仮設住宅 ———————— 35
かたづけごみ ———————— 36
感震ブレーカー ———————— 15

## き
胸骨圧迫（心臓マッサージ）— 29

## け
健康保険証 ———————— 37

## こ
広域避難場所 ———————— 16, 22, 23
公衆電話 ———————— 19, 21, 22, 28
洪水 ———————— 16
凍りつき症候群 ———————— 18

## さ
災害関連死 ———————— 17, 28
災害救助法 ———————— 37
災害ごみ（災害廃棄物）———— 36
災害用伝言ダイヤル（171）
———————— 19, 21, 23
災害用伝言板（web171）— 19, 21
在宅避難 ———————— 23, 31

## し
支援金 ———————— 35
地震火災 ———————— 15, 31
地震災害 ———————— 11
地すべり ———————— 12, 16
自然災害伝承碑 ———————— 13
指定緊急避難場所
———————— 16, 21, 22, 23, 31
指定避難所 ———————— 16, 21, 22, 23
地盤 ———————— 10, 11, 12, 13, 14
消火器 ———————— 15
昭和三陸地震津波 ———————— 13
昭和南海地震 ———————— 13
初期消火 ———————— 15
地割れ ———————— 14
震源域 ———————— 13
震災遺構 ———————— 17

## せ
生活用品 ———————— 25
正常性バイアス ———————— 18
全壊 ———————— 35

## た
大規模半壊 ———————— 35
耐震構造 ———————— 21
耐震マット ———————— 20
大陸プレート ———————— 13
高潮 ———————— 16
断層 ———————— 13, 14

## ち
地殻変動 ———————— 13
聴覚障がい者マーク ———————— 34
沈降 ———————— 10, 11, 13

## つ
通電火災 ———————— 15
津波 ———————— 10, 11, 13, 16, 17, 18, 20, 23, 30, 31
Tsunami ———————— 10
津波警報 ———————— 11
津波注意報 ———————— 11
津波避難場所 ———————— 11
津波避難ビル ———————— 11
津波フラッグ ———————— 11

## て
テレホンカード ———————— 19

## と
同調性バイアス ———————— 18
土砂災害 ———————— 12, 20

土石流 12, 16

## な
内水氾濫 16
72時間の壁 28

## に
二次災害 35
2次避難（所） 17

## の
能登半島地震 13

## は
ハザードマップ 20, 23
半壊 35
阪神・淡路大震災 15

## ひ
PTSD（心的外傷後ストレス障害） 37
被害認定調査 35
東日本大震災 10, 13, 15, 17
被災建築物応急危険度判定 35
飛散防止フィルム 20
非常用トイレ 26
非常用持ち出しぶくろ 23, 24, 31
備蓄品 25, 26
避難所 16, 17, 22, 23, 28, 31, 32, 33, 34
避難場所 16, 21, 22, 23, 30

## ふ
ファーストエイド 29

フェイクニュース 30
福祉避難所 16
ブロックべい 8, 21, 22

## へ
ヘルプマーク 34

## ほ
防災会議 21
防災標識 16
防災ベンチ 22
防災マップ 22

## ま
マイ・タイムライン 23
マイナ保険証 37
マタニティマーク 34
マントル 13
マンホールトイレ 22

## め
明治三陸地震津波 13

## よ
余震 12, 23, 35

## り
罹災証明書 35
隆起 10, 11, 13

## れ
連動型住宅用火災警報器 15

## ろ
ローリングストック 25

39

## 監修　土井恵治（どい・けいじ）

一般社団法人土佐清水ジオパーク推進協議会 事務局長。京都大学大学院理学研究科修士課程修了後、気象庁に就職。地震や火山の分野を長く経験し、東京大学地震研究所に助教授として一時在籍。地震や火山噴火のしくみ、予測技術などの技術開発現場で、地震調査研究推進本部の立ち上げ、緊急地震速報の導入など最先端の現場で活躍。2021年から土佐清水ジオパークに参加。最先端の難しい事柄をかみ砕いてわかりやすく伝えることを心掛けている。監修本に『地震のすべてがわかる本 発生のメカニズムから最先端の予測まで』（成美堂出版）等がある。

### おもな参考資料・文献・サイト

『いざというとき自分を守る防災の本4　今日から始める防災対策』防災問題研究会編／岩崎書店
『防災学習ガイド もしものときに そなえよう 地震』国崎信江監修／金の星社
『みんなの防災事典 災害へのそなえから避難生活まで』山村武彦監修／PHP研究所
『防災士教本』認定特定非営利活動法人 日本防災士機構
「大阪市防災タウンページ」NTTタウンページ
「市民防災マニュアル」大阪市

「地震がわかる！ 防災担当者参考資料」文部科学省
「我が家の防災行動計画 知って作ろうマイ・タイムライン」京都市

大阪市HP／気象庁HP／厚生労働省HP／国土交通省HP／国土交通省国土地理院HP／首相官邸HP／総務省消防庁HP／地震本部HP／東京消防庁HP／土砂災害防止広報センターHP／内閣府防災情報のページ／防災科学技術研究所HP

### 写真・図版協力

(一社)日本標識工業会、鎌田浩毅、神戸市、東北地方整備局震災伝承館、(一財)日本建築防災協会、大阪市、Adobe Stock、PIXTA、PHOTO AC

地震と私たちの暮らし
③防災・避難の備え

2025年3月10日発行　第1版第1刷©

| | |
|---|---|
| 監　修 | 土井 恵治 |
| 発行者 | 長谷川 翔 |
| 発行所 | 株式会社 保育社 |
| | 〒532-0003 |
| | 大阪市淀川区宮原3-4-30 |
| | ニッセイ新大阪ビル16F |
| | TEL 06-6398-5151　FAX 06-6398-5157 |
| | https://www.hoikusha.co.jp/ |
| 企画制作 | 株式会社メディカ出版 |
| | TEL 06-6398-5048（編集） |
| | https://www.medica.co.jp/ |
| 編集担当 | 中島亜衣／二畠令子 |
| 編集協力 | 株式会社ワード |
| 執　筆 | 澤村美紀／有川日可里（株式会社ワード） |
| 装幀・本文デザイン | 西野真理子（株式会社ワード） |
| イラスト | 池田蔵人 |
| 校　閲 | 株式会社文字工房燦光 |
| 印刷・製本 | 日経印刷株式会社 |

本書の内容を無断で複製・複写・放送・データ配信などをすることは、著作権法上の例外をのぞき、著作権侵害になります。

ISBN978-4-586-08685-6　　　　　　　　　　　Printed and bound in Japan

乱丁・落丁がありましたら、お取り替えいたします。